克里斯蒂娜·斯坦林

　　曾就读于德国新闻学院，主修新闻学、生物学和小学教育。她是一名作家，在慕尼黑的一所小学任教。她的作品《没有水就没有一切》《整个世界充满能量》已由贝尔茨＆盖尔伯格出版社出版。

加雷斯·瑞恩

　　来自北爱尔兰的插画家。他在故乡学习视觉和应用艺术以及媒体设计。他与妻子和两个孩子曾在德国的汉堡生活多年，是一名教育工作者兼童书绘者。目前，他和家人住在芬兰的赫尔辛基。

大自然的诗篇

生物之繁

生物多样性为何重要？
我们如何保护它？

［德］克里斯蒂娜·斯坦林　著

［德］加雷斯·瑞恩　绘

宋佳露　译

朝華出版社
BLOSSOM PRESS

几乎每个人都喜爱大自然。

人们在森林、原野、湖畔、草地度过了许多闲暇时光。

许多人对人与自然共存的世界深深着迷，可对于动植物来说，人类却常常是一种威胁因素。

2

城市中的动物

有些动物不会受到人类的干扰。相反，它们从人类身上受益。
许多老鼠、苍蝇、乌鸦、鸽子、松鼠和狐狸在城市中繁衍
生息，它们被称为"文化追随者"①。有人的地方就会有
垃圾，而垃圾对这些动物而言，是充足的食物来源。

————————————

① 德国的一种说法，形容受益于人类生活的物种。

此外，还有一些动物物种专门寄生在人类身上。
像虱子和蠕虫这样的寄生虫非常讨厌，无论谁沾惹上，都想尽快摆脱。

我们离不开大自然。

人依赖许多不同的生物。
我们以某些植物为食，也用植物喂养动物，
我们的大部分衣服和燃料也来源于植物。

动物也为人类食品的多样性做出了
贡献——大多数人喜欢动物产品，如鸡
蛋、蜂蜜、奶酪、黄油、肉类等。

转变为

海洋生物遗体

腐泥

这个过程需要
数百万年之久

天然气
石油

我们使用煤炭、天然气和石油等原材料来发电、供暖，从石油中提炼汽车发动机的燃料。但很久以前，这些原材料只是植物和动物。

柴油

栖息地的破坏

人类尽管热爱自然，离开它无法生存，
但仍然有很多人会破坏自然。

自 1990 年以来，全世界森林面积大幅减少，减少的总面积相当于德国、法国、波兰、西班牙和荷兰几个国家国土面积的总和。

《世界自然保护联盟濒危物种红色名录》记录了动物、真菌和植物物种的灭绝风险。

红色名录

野外灭绝

关岛秧鸡

极危

斑驴

蓝马羚

麋鹿

红狼

白鱀（jì）豚

原仓鼠

锡奥岛眼镜猴

灭绝

黑足鼬

灰海豹

青长尾猴

阿拉伯羚羊

濒危

无危

绿海龟

山地大猩猩

超过 37000 种动植物正面临威胁，因为它们的栖息地正在消失或发生巨大变化。科学家并没有掌握所有物种的足够信息，以确定其面临灭绝风险的程度。

全球生物学家已鉴定出大约 180 万个物种。我们最熟悉的动物，如哺乳动物、鸟类、鱼类、爬行动物和两栖动物，加在一起不到所有物种种数的 4%。

几乎 **50%**

已鉴定出的物种中几乎一半是昆虫。它们种类如此繁多，是因为能够非常好地适应环境。

犀牛甲虫可承载自己体重 800 倍的重量！

沙漠蚂蚁能够忍受 70℃ 的地表温度！

水甲虫可以被冻结数月之久，解冻后还能完好无损。

非洲行军蚁每 25 天产下三四百万颗卵！

蜜蜂会为了保护同类而牺牲自己的生命。

竹节虫几乎和树枝浑然一体，让人无法察觉。

昆虫很害怕农药。对许多小动物来说，田地就像是一张摆满美食的餐桌，为了能获得丰收，农民会在田地上喷洒农药，而农药往往会杀死昆虫等小动物。

由于这种情况在全球范围内普遍存在，我们目前正在经历全球性的昆虫灭绝。高达 40% 的飞行昆虫受到农药的威胁。

除昆虫外，还有很多其他重要的生物群体，如约 33 万种已知的植物，85 万种已知的软体动物都面临同样的困境，软体动物包括章鱼、蜗牛、贝类等。

真菌也是一个庞大的群体，世界上已知的真菌种类约为 14 万种。

只有少部分物种被人类所了解，每天都有更多的物种被研究和探索。

据保守估计，地球上可能存在一亿种物种，实际数量可能更多。之所以还有如此多物种尚未被鉴定，是因为它们大多非常微小，生活在人类几乎无法进入的地方，例如深层土壤，海洋、密林的深处。

又发现了一个！

酷！

什么是物种？

当一个群体内的成员之间可以持续交配繁殖时，它们会被认为是同一物种。"物种"的同义词是"种""类"。

嗯……
我们认识吗？

嗨！

多肠目海扁虫

海蛞蝓

在过去，人们认为长得一样的属于同一物种。但实际上，有些动物在外形上非常相似，但在其他方面却没有任何关系。

有时候同一物种之间看起来也不太相似，比如雄性鸳鸯和雌性鸳鸯。

我觉得，我的孩子们非常像我！

有些幼崽与成年动物看起来似乎没什么共同之处，比如蝌蚪和青蛙，或者毛毛虫和蝴蝶。

妈妈！

什么是物种多样性?

物种多样性是指特定生存环境(如森林)中的生物物种的丰富程度。

什么是遗传多样性?

遗传多样性是指一种生物内部的所有先天差异。比如各个刺猬之间,可能大小、颜色、刺的数量都不一样,但它们都是刺猬。

什么是生物多样性?

生物多样性由地球上的物种多样性、遗传多样性和生存环境多样性组成。因此,生物多样性是一个更全面的概念,而物种多样性只是其中的一个方面。这种区别通常只有专家才会注意到,大多数人都会把这两个词视为同义词。

我们生存在这里是个奇迹。

目前没有其他已知的行星上存在着生命，甚至地球最初也是一个不适宜生命存在的地方。它经过了至少 6 亿年的时间，才冷却到表面可以形成水的程度。

科学家认为，大约在 38 亿年前，地球上诞生了生命。这个微小的生物，也就是所有生物的共同祖先，一次又一次地分裂繁殖。

在数十亿年的时间里，地球上的所有生物都非常微小，只由单细胞组成。

后来，更大的多细胞生物开始出现。

大约在 25 亿年前，地球上首次出现了能够进行光合作用的细胞。光合作用过程中可以释放出氧气，逐渐在上层大气中形成了一层厚厚的臭氧层。

恰巧，臭氧层就像对抗太阳危险紫外线的保护盾。大约在 5 亿年前，臭氧层变得足够厚，可以使陆地上有更多的生命存在。

地球上的现代生物包括植物、动物和真菌，还包括细菌和古菌等各种单细胞生物，以及病毒。甲藻和硅藻也是单细胞生物，以浮游植物的形式存在于海洋中。

所有生物，包括人类在内，都有亲缘关系。

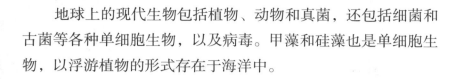

我们也属于其中。

浮游植物？
你指的是我的午餐吗？

植物　　　　　动物　　真菌　　微生物

生物进化论认为，直立人是现代人的祖先，他们当时已经可以直立地行走。化石证据表明，直立人出现于大约 200 万年前。从直立人演化出了几种人类物种，例如尼安德特人和弗洛勒斯人。

现在怎么样了呢？
灭绝了吗？

直立人	弗洛勒斯人	尼安德特人	智人
灭绝	灭绝	灭绝	

与我们相像的人类直到约 30 万年前才出现，拉丁文学名是智人。这个名字有些自负，意思是智慧的人类。我们在地球上的存在时间不到其历史的0.007%，但却对整个人类发展的历史产生了巨大的影响。

15

为什么会形成如此多的物种？

　　大约 200 年前，两位英国自然科学家查尔斯·达尔文和阿尔弗雷德·拉塞尔·华莱士曾提出了这个问题。他们各自独立研究，但得出了相同的答案。

嘘……
保密！

　　进化论认为，生物会产生比实际需求更多的后代。每一个后代都与其父母相似，但存在微小的差异，例如可能会跑得更快或者更善于伪装。这些随机产生的差异中，有些为生物提供了生存优势。

　　一只长颈鹿，巧合的是，它的脖子很长，能触及其他动物无法够到的树叶，获得更好的营养，所以具有更高的生存机会。生存机会越高，繁殖后代的机会就越大。而后代往往会继承父母的有优势的方面，从而也获得更大的生存机会。

　　达尔文称之为"选择优势"。

选择伴侣。

选择优势还可以帮助动物吸引异性。对雌孔雀而言，拥有鲜艳长尾羽的雄孔雀特别有吸引力，雌孔雀更愿意与它们交配。这样一来，长尾的雄孔雀通常会有更多后代。

尾羽越长，孔雀就越难以逃脱敌人的追捕。当尾羽达到一定长度时，就会威胁到生存。因此，就成了选择劣势。

优势和劣势的选择影响着一个物种能够拥有的后代数量，一代又一代累积的微小差异最终会进化出新的物种。

跟达尔文和华莱士同时代的很多人对此理论感到震惊。他们在教堂和学校里学到的是，上帝按照生物现在的样子创造了所有生物。然而，进化论却认为，物种是通过进化而来的，而且通常是从其他已存在的物种进化而来的。这意味着人类也是一个物种，与猿类有亲缘关系。达尔文为此遭到嘲笑，报纸上的漫画把他画成了猿猴。

现在，研究者已经收集到了很多支持进化论的证据，并将达尔文视为有史以来最重要的自然科学家之一。由于达尔文的研究更为广泛，因此他比华莱士更有名——尽管这样的说法可能不太公平。

动物为了生存空间、食物和繁殖伴侣而彼此竞争。

这种竞争通常会导致物种具有某种特性。比如捕食者可能奔跑或飞行速度特别快。猎豹的速度可以超过 100 千米 / 小时，但只能持续很短的时间。

游隼在俯冲时可以达到 390 千米 / 小时，几乎没有任何猎物有机会逃脱。

乌龟和犰狳虽然不快，但它们有壳，可以保护自己免受天敌的伤害。

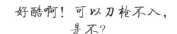
好酷啊！可以刀枪不入，是不？

灰熊的毛极其浓密，皮肤与下面的脂肪层非常坚韧，以至于可以抵挡一些枪支的射击。

是的，当然！

有些物种则使用毒液对付敌人。海黄蜂是一种具有剧毒的水母，身上的毒素足以毒死 250 多人。在陆地上，内陆太攀蛇是一种特别危险的蛇类，它的毒液理论上足以杀死 230 多人。这两种动物都生活在澳大利亚。

海黄蜂游行速度非常快（速度可高达 5 米／秒。）

而且，他们还长有24 只眼睛！

大多数动物只需要吓退它们的天敌即可。黄蜂身上有醒目的黑黄色斑纹，向攻击者发出信号："我很危险！"而食蚜蝇是无害的，不会给人带来伤害，它们的生存优势在于要了个"花招"：它们身上有与黄蜂相似的斑纹，而黄蜂有很强的防御能力，因此天敌通常会避而远之。

跟屁虫！

植物也有生存的诀窍。

沙漠中的植物能够获得的水分很少。为了生存，它们会在下雨时储存水分，有的植物种子可以存活很多年。

←碱蓬

对于大多数植物来说，盐是一种毒素，但碱蓬却能储存大量盐分，因此可以从盐碱含量较高的土壤中吸收更多的水分，从而存活下来。

植物向上生长可以获得更多的阳光。加利福尼亚海岸的巨杉是一个极端的例子，它可以生长到116米的高度。

如果把它砍倒，一个足球场都不能把它横着装下——标准足球场只有105米长。

沼泽植物，如红树几乎都长在水中，它们需要在水中获取营养和空气，因此形成了气根。

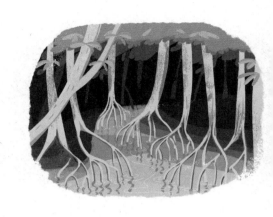

红豆杉是一种具有特别发达根系的树木，它甚至可以在岩石上生长。

许多植物可以在大自然中获取自己的肥料，比如可以吸收空气中的氮气，从而生长得更快、更繁茂。

有些植物则依靠团队合作。牛肝菌用细丝包裹橡树或松树的根部，帮助树木从土壤中获取养分。

花朵能在大自然中一直生存，是因为它能吸引昆虫帮它授粉繁殖后代。

鸟类或松鼠喜欢吃水果，它们的排泄物中含有充足的植物种子，可以生长出新的植物。

槲寄生在其他植物上，从它们那里掠夺营养和水分。

食肉植物则通过捕捉昆虫来满足其营养需求。

捕蝇草

23

生物多样性对我们有什么好处？

　　一个地区的所有物种及其环境被称为生态系统。森林就是一个生态系统，在森林中，一切都相互关联。

　　某种特定植物之所以生长，是因为得到了适量的光照和水分。它为各种昆虫提供食物，这些昆虫又是鸟类的食物来源。

　　植物死亡后，会被蠕虫、真菌和细菌分解，从而形成肥沃的土壤，新的植物可以在其中繁衍生息。每个生态系统都与相邻的生态系统相互连接。因此，世界上的一切最终都是相互关联的。

　　生态系统可以为人类提供服务，如提供食物和木材等，这被称为生态系统服务。

　　物种丰富的生态系统比物种贫乏的生态系统能为人类提供更多的生态系统服务。

　　在遭遇大型自然事件或人为干预后，物种丰富的生态系统更容易恢复平衡，持续存在。

人类需要洁净的水和空气。下雨时，一部分水渗透到地下。它会渗透到不同的地层，如土壤、砾石和砂层等，而这些地层能起到过滤器的作用，从而清洁地下水。

有时，地下水汇聚成地下湖，流入小溪和河流。人们可以通过挖井或直接取水等方式利用这些水资源。

污水处理厂

地下水

每分钟的时间里，一个孩子大约呼吸 4 升的空气，一个成年人大约呼吸 7.5 升的空气。只有空气清洁，人类才能保持健康。

哇，4 升的空气！
能装 4 个牛奶盒呢！

汽车、船舶和飞机排放废气，开放式的火源（如壁炉）会释放出黑烟颗粒，工厂（如火力发电厂）也会排放污染物。风对空气质量有很大影响，因为它会把有害气体带到其他地方。

植物不但能吸收二氧化碳、释放氧气，还能吸附污染物质，因此可以改善空气质量。

我们要感谢昆虫，因为大部分的水果和蔬菜都离不开它们。

飞蝇、蜜蜂从花朵中采集花蜜和花粉，并在采集过程中授粉，只有经过授粉的花朵才能生长成果实。

研究人员一直在尝试计算这些昆虫的工作价值，仅对于人类食物来源的植物，它们的价值就至少达到每年1300亿欧元。此外，为植物授粉的价值还体现在用于动物饲料或生物柴油生产等方面。

你听说了吗？我们为人类节省了1530亿欧元！

没有昆虫，苹果和樱桃的产量将不到原来的一半。

南瓜的产量95%都依赖于昆虫。

当昆虫数量足够多时，浆果、辣椒、黄瓜、咖啡和可可等才能茁壮成长。

很多药物最初都源于自然界。

早期，人们通过试错的方法来发现哪些物质对治疗疾病有帮助。

症疾是最危险的疾病之一，它能引起高烧等症状。在 17 世纪，西班牙传教士在秘鲁观察到当地居民使用金鸡纳树皮治疗症疾。后来，金鸡纳树皮中的有效成分奎宁被提取出来。在接下来的几个世纪中，奎宁一直是治疗症疾的首选药物。

柳树皮中含有一种能够止痛和降低发热的有效成分——水杨酸。现在，人们可以通过人工合成获得乙酰水杨酸（即阿司匹林），它是重要的止痛药。

罂粟中提取出的吗啡，可缓解剧烈疼痛。

1928 年，医学家亚历山大·弗莱明意外地发现青霉菌可以杀死细菌——第一种抗生素由此诞生。从那时起，抗生素挽救了许多生命。在农业生产中，抗生素经常被用于治疗动物疾病。不幸的是，抗生素的广泛使用，尤其是在畜牧业中的广泛使用，致使许多细菌已经习惯了这类药物，导致青霉素的效用大不如前。

抑制炎症的肾上腺素最初是从牛的肾上腺中提取而来。

胰岛素是糖尿病患者的重要药物，长期以来从猪身上提取，现在通过在细菌中植入人类胰岛素基因以获得更多的人类胰岛素。

你知道这是什么吗？

不知道，我也是头一次见！

几十年来，人们一直在研究动植物，试图从中寻找新的药物。研究者从太平洋红豆杉的树皮中提取出一种物质，用于治疗乳腺癌和卵巢癌。

有些生物的优点并不太明显。

　　健康的生态系统有利于肥沃土壤的形成：土壤由无机成分和有机成分组成。无机成分包括石头、沙子、矿物质、水、空气以及死去的动植物。有机成分包括植物根系、真菌、微生物、蠕虫和昆虫等。土壤的成分决定了它的肥沃程度，也就是新植物能够生长到什么程度。植物的根系像爪子一样抓住土壤，使土壤不容易被风刮走、被水冲走。

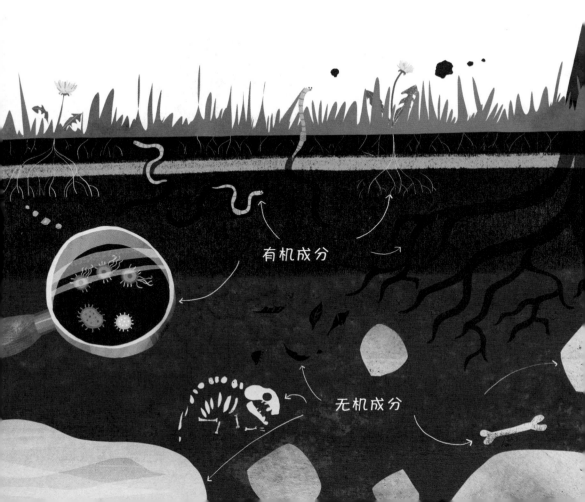

有机成分

无机成分

植物从空气中吸收二氧化碳（CO_2），从而减缓气候变化。因为空气中的二氧化碳增加时，地球表面的温度会升高，降水模式也会发生变化。

湿地是指陆地和水域的过渡地带，包括沼泽、滩涂和湿草地等。它们可以保护陆地免受洪水侵袭，能够暂时吸收大量水分，有类似缓冲带的作用。

大自然可以使人身心愉悦。美丽的景观一直以来都
令人神往，因为人们可以从中获得力量和灵感，许多人
也在大自然中找到了运动的乐趣。

人类改变了物种。

人类有了固定居所之后，便开始在家中驯养动物。人们会选择那些他们喜爱的动物。经过长时间的演变，狼逐渐变成了狗，野猫逐渐变成了家猫。

玉米最初是由人类培育而成的。它的前身是玉蜀黍，是一种较矮小、有许多分枝和穗儿的植物。

青花菜、花椰菜、卷心菜和白菜也是通过培育而来的，它们都是同一种野生甘蓝的后代。

如果我把它们进行杂交呢?

可以保存更久

口感会更好

在植物品种的培育过程中，人们通过杂交来增强植物的某些特征。在大多数情况下，这需要很多耐心和时间。目前，研究人员可以有针对性地剪辑基因，并将其引入其他生物体。比如，在水稻基因中引入一种野生稻米的基因，可以使它在长时间被水淹后仍能存活很久。

新品种的苹果在切开后一段时间内，几乎不会变成棕色。

理论上，这些品种可能是由进化产生的，因为水稻品种和苹果品种可以相互杂交。如今，科学家甚至可以转移异种基因——这在自然界是不可能的。

Bt 玉米携带了一段来自土壤细菌的 DNA，这种细菌叫苏云金芽孢杆菌，英文简称 Bt。这种改良后的玉米能够抵抗玉米螟，玉米螟是一种飞蛾，可以摧毁田地上多达三分之一的植物。

快跑，这种玉米简直太难吃了。

改良后的细菌可以培养出对人类有益的物质，比如为糖尿病患者提供胰岛素。

非常感谢！

不客气！

胰岛素泵

基因技术可以用于造福人类，但也可以用于无限追求利益。很多人对任意改变植物和动物的想法感到恐惧，他们在思考基因技术的界限在哪里。

人类会成为下一个被基因改造的生物吗？

如果所有父母都只想要超级聪明的孩子，可怎么办？

幸运的是，智力并不是由单个基因控制的。

从没有这么多人过得像现在这样好。

几乎所有的孩子都能长大成人，许多人有机会上学，很多人能活到年老。这些现象之所以能发生，是因为人类充分利用生态系统，从大自然中获取食物、水、木材、空间和原材料，如石油等资源。

然而，我们消耗资源的速度比资源再生的速度还要快。被砍伐的森林需要几十年才能恢复。如果从海洋中捕捞鱼类，那么剩下的鱼要经过一段时间的繁殖，才能使鱼群重新达到之前的规模。被燃烧的石油在一个人的一生时间内都无法再生，因为它的形成需要数百万年的时间。

我要长到这么高，得需要漫长的时间。

地球恢复资源的能力被称为环境容量。大约在 50 年前，地球的环境容量足够支持所有人类活动。然而，自那时以来，资源消耗不断增加，超过了地球的再生能力。如果所有人类都像欧洲人一样生活，每年几乎需要 3 个地球的资源。如果所有人都像北美人一样生活，每年甚至需要近 5 个地球。不公平的是，我们造成的损害几乎是看不见的。而这些损害往往严重影响到贫困国家的人们以及未来的后代，包括今天的孩子们。

灭绝属于地球上的生命现象。

迄今为止，大多数曾在地球上生活的物种都已经消失。这通常与改变生活环境的偶然事件有关。这种正常的灭绝现象也被称为"背景灭绝"。

地球历史上至少发生过五次大规模的灭绝事件。最大的一次发生在约2.51亿年前，即二叠纪末期。当时，巨大的两栖动物和飞行昆虫生活在广阔的森林中。

大陆板块相互碰撞引发了火山爆发。熔岩涌入地球的大片区域，飘浮的火山灰遮挡了阳光，这使地球变得更加寒冷。此外，当时的大部分陆地靠近南极，地球被冰封，海平面逐渐下降。

二叠纪的森林大面积死亡，氧气变得稀缺，高海拔地区对动物来说变得无法生存。

这个时期灭绝的物种比以往任何时候都多：96% 以上的物种都消失了。

96%

在此之后，幸存下来的极少数生物生活在一个相当空旷的世界中。它们的后代适应了自由的栖息地，最早的恐龙就是这样出现的。

41

最近的一次大规模灭绝导致恐龙灭绝。

它发生在约 6600 万年前的白垩纪末期。这次大灭绝是由墨西哥尤卡坦半岛被一颗巨大陨石的撞击引发的。它在 1500 公里范围内（大约相当于从德国中部到北非海岸的距离）瞬间杀死了所有生物，并引起了巨大的海啸。

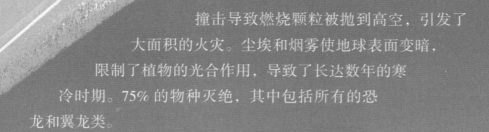

撞击导致燃烧颗粒被抛到高空，引发了
大面积的火灾。尘埃和烟雾使地球表面变暗，
限制了植物的光合作用，导致了长达数年的寒
冷时期。75% 的物种灭绝，其中包括所有的恐
龙和翼龙类。

剩下的物种包括现代哺乳动
物的祖先。恐龙——它们最大的
捕食者消失后，这些哺乳动物的
祖先得以繁衍和进化。

43

地球上第六次大规模灭绝正在发生。

　　科学家认为，地球上每天大约有 150 个物种灭绝，这至少超过了背景灭绝的 100 倍。这次的原因不是自然灾害，而是人类造成的。人类的许多活动夺走了其他物种的生存空间。

　　数千年来，人类对地球没有造成损害。很长一段时间里，地球上只有少数的人类，他们狩猎动物、采集植物，后来有一部分的人类定居下来，开始种植植物、饲养家畜。

经过了 20 万年，也就是在公元 1800 年左右，人类数量达到了 10 亿。从那之后，人口迅速增长，仅 200 年后，地球上的人类就达到了 60 亿，而在 2022 年 11 月，全世界人口已经超过了 80 亿！

800　　　　　　2000　　　　　　　今天

图中一个人代表现实 1 亿人

随着土地不断被开发，城市不断扩张，道路和混凝土区域的数量和面积也在增加。每个新建筑区都会逼退当地的动植物，夺取它们的生存空间。

全世界 70% 的土地用于农业。

在全球的粮食供应中，几种
常见的植物发挥着至关重要的
作用：甘蔗、玉米、小麦、
稻子、棕榈、马铃薯。

在气候炎热的地区，田地需要大量水
来灌溉。人们需要从河流、湖泊或地下取
水。这往往会导致其他地方缺水，野生动
植物因此面临缺水威胁。

如果灌溉不当，大量水分会蒸发。由于淡水中含有盐分，这就产生了一个问题：随着水分的蒸发，淡水中的盐分留在土壤中并不断积累，就会造成土壤不可用，因为高含盐量的土壤对大部分植物来说都是致命的。因此，人们需要不断开垦出新的耕地——而对于野生动植物而言，这意味着它们的生存空间会越来越少。

对我来说不是这样的！
我爱盐分！

碱蓬→

我们用肥料促进植物生长，但肥料渗入土地后会降低物种多样性。它虽然促进了一些植物的生长，但也会使其他植物失去生存空间。

植物保护剂也会杀死无害的生物，尤其是许多昆虫。

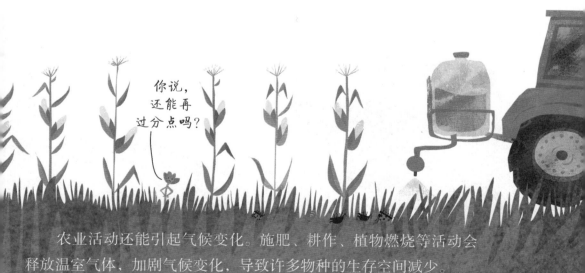

你说，
还能再
过分点吗？

农业活动还能引起气候变化。施肥、耕作、植物燃烧等活动会释放温室气体，加剧气候变化，导致许多物种的生存空间减少。

几十年来，雨林被大面积砍伐。

这对物种多样性造成了毁灭性的影响。雨林中许多物种被迫生活在更狭小的空间中，随着生存空间不断缩小，它们最终会完全消失。

许多家具、地板、玩具和纸张都由热带雨林里的木材制成。为获得这些木材，人类驾驶推土机在森林中开出大道。而一旦有了道路，就会有盗猎者和淘金者进入，进一步破坏雨林。

我不知道除此之外还能如何赚钱！

雨林经常被人类烧毁，用来作牧场或大型种植园。

油棕是亚洲常见的植物，用它的果实可以提取棕榈油。棕榈油的口感类似黄油，可以赋予食品浓郁的口感。你如果仔细研究过商品的成分表，就会发现在榛子巧克力脆片、巧克力饼干、袋装汤、速冻比萨、液体香皂、润肤乳和睫毛膏中都有棕榈油的存在。由于棕榈油需求巨大，人们不断开垦新的土地种植油棕，这导致猩猩、苏门答腊虎和许多小型动物都失去了家园。

在南美洲，大豆长势旺盛，产量很高。它是人的食物，也是动物的饲料。为了种植大豆，亚马孙雨林被大面积砍伐，那里生活着长尾虎猫、亚马孙蜘蛛猴、箭毒蛙、巨型水獭和紫蓝金刚鹦鹉等动物。

产品会造成的问题应该写在标签上！

热带地区的土壤营养匮乏。经过十年的密集农业种植，土壤逐渐变得贫瘠，人们因此砍伐树木，开垦出新土地。被废弃的土地变得荒芜，雨林也不再生长。砍伐雨林会加剧气候变化，因为森林将大气中的二氧化碳储存在土壤和植物中，一旦森林被破坏，这种温室气体就会重新进入大气层。

饲养动物的行为往往是种负担。

首先，这对动物本身来说就是负担：通常，动物幼崽被早早带离母亲，被关在非常狭小的空间里。

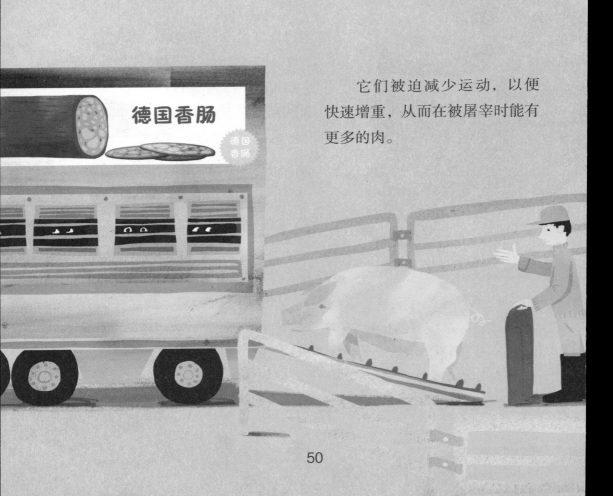

它们被迫减少运动，以便快速增重，从而在被屠宰时能有更多的肉。

德国香肠

德国香肠

其次，许多牲畜产生大量粪便，农民将其用作田地的肥料，但因粪便量庞大，人们会过度施肥，这会直接导致物种多样性降低。因为养分过剩的环境中，能生存的物种较少。在肥沃的草地上，总是生长着一些生命力旺盛的植物，如蒲公英和毛茛科植物。

最后，密集的牲畜饲养还有很多其他缺点。比如牧场占据了其他物种的生活空间；像牛这样的反刍动物会释放出甲烷，这是一种温室气体，会对气候变化产生影响。这些情况也会减少物种多样性。

空气中40%左右的甲烷来自农业。

海洋生物面临困境。

鱼是人类重要的食物来源，每人每年平均食用超过约 20 公斤的鱼。长期以来，越来越多的鱼被人类捕捞。

哇！好多鱼啊！

自 20 世纪 50 年代以来，像旗鱼和鳕鱼这样的食用鱼种群已经减少了 90%，鳕鱼甚至被列入濒危物种红色名录。

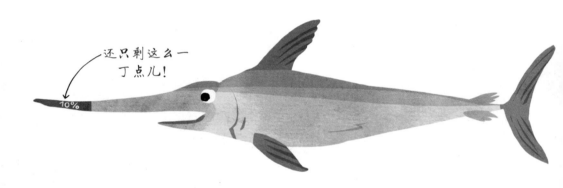

还只剩这么一丁点儿！

10%

在一些地区，过度捕捞已经造成渔业生产链条的崩溃。美洲东北海岸附近的海域曾经生存着大量的大西洋鳕鱼和银鳕鱼。在 20 世纪，它们遭到了过度捕捞，失去了商业价值。后来，人们实施了禁捕令——这使得银鳕鱼种群得以恢复，大西洋鳕鱼却没有得到恢复。

鱼类种群的恢复速度取决于许多因素，其中包括剩余鱼类的数量以及鱼类繁殖的年龄。青石斑鱼一生都在生长，随着时间的推移，它们的生长速度会变慢。雌性个体越大，产卵越多，后代的生存概率也更大。如果一个地区的捕捞强度很大，鱼类就很难生长到一定的年龄，存活下来的鱼类繁殖较少，生长较慢，种群几乎无法恢复到正常规模。

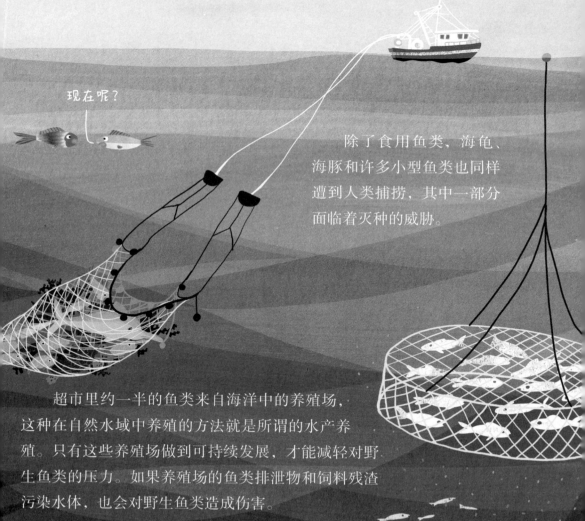

现在呢？

除了食用鱼类，海龟、海豚和许多小型鱼类也同样遭到人类捕捞，其中一部分面临着灭种的威胁。

超市里约一半的鱼类来自海洋中的养殖场，这种在自然水域中养殖的方法就是所谓的水产养殖。只有这些养殖场做到可持续发展，才能减轻对野生鱼类的压力。如果养殖场的鱼类排泄物和饲料残渣污染水体，也会对野生鱼类造成伤害。

人类给海洋带来了负担。

鱼类面临着威胁，它们被人类大量捕捞，而且，海洋生态系统也被人类改变。

肥料通过地下水进入河流、湖泊和海洋，导致藻类大量生长。藻类死亡后会被细菌分解，这个过程会消耗大量氧气，产生缺氧区，动物在这些缺氧区几乎无法生存，因为水生生物也需要氧气。

海洋吸收一部分二氧化碳气体，将其转化为碳酸，海水因此被酸化。

首先，酸化威胁到许多作为鱼类食物的微小生物。如果这些微小生物减少，鱼类能找到的食物将变得更少。

妈妈，我饿了！

其次，酸性水体会对珊瑚礁产生威胁。珊瑚礁是地球上物种最丰富的生态系统之一，酸性水体会溶解珊瑚的钙质骨架，破坏珊瑚礁。如果珊瑚礁消失，许多其生态系统中的其他物种也会跟着消失，因为它们失去了生存空间。

有些地方如果没有有效地处理垃圾，河流会将大量塑料带入海洋，其中一些塑料含有有毒物质。海洋生物会摄入这些毒素，我们在餐桌上享用这些海洋生物时，也会摄入这些毒素。海鸟会误将塑料当成食物，情况严重时会因此窒息，或者导致胃被塞满，最后饿死。

微塑料

海底储藏着像石油这样的原材料。开采的过程中经常发生事故，导致大量石油流入海洋。这会污染海洋生物，也导致很多海鸟的羽毛黏在一起。

能源需求不断增长。

　　人们的居住场所需要用电，运行轨道交通也需要用电，另外，汽车、飞机和船只运行时，需要消耗大量的燃料。人们通常用煤炭、石油和天然气来发电和合成燃料，而这些资源存储在地底下，必须先被开采出来。

因为人类露天采矿，大片的地表植被遭到破坏，森林遭到砍伐。在德国的汉巴赫森林下方埋藏着褐煤，为开采褐煤，森林不断被破坏，动植物也因此失去了越来越多的生存空间。虽然它们不会立即灭绝，但不管土地以何种形式被开发，动植物的生存空间都会逐渐收缩，收缩到一定程度，它们最终就会完全灭绝。

保护气候
停止用煤
保护森林

　　煤炭、石油和天然气是经过数百万年形成的——煤炭来源于植物，石油和天然气来源于海洋生物的死亡和分解。这些燃料被称为化石燃料。化石燃料燃烧时，会产生二氧化碳等气体，这些气体导致了气候恶化，从而威胁到许多动植物物种，最终也威胁到我们人类的生存。

石油 煤

　　现在，火力发电仍是主要方式，但水力、风力、太阳能发电也逐渐崛起。虽然后者不会带来二氧化碳的排放，但也会对大自然环境产生干预，如一些水力发电站需建造水库，这会占用动植物的生存空间。

其他一些资源也来自地下。

手机、笔记本电脑和电动汽车中用到了许多不同的原材料，包括金、铜和锂等。

在亚马孙河流域，一部分贫困人口非法开采金矿。因为黄金颗粒与泥浆混合在一起，所以工人通过这种方法提取黄金颗粒：他们先将泥浆与水银混合，水银和黄金颗粒会结合形成更大的团块，从而被过滤出来；然后通过加热蒸发水银，留下纯黄金颗粒。问题在于蒸发的水银有毒，工人吸入后会严重损害其肺部，许多人会感到呼吸困难，有人甚至失明和失聪。对于动植物来说，水银也是有毒的。

在厄瓜多尔的因塔格山谷有着大面积
的云雾雨林，那里物种极其丰富，是数百
种濒危动植物的栖息地。

浣熊

黄耳锥尾鹦鹉

鬼夜猴

此外，这里还
生活着无数种
夜蛾。

还生长着兰花，
其中有些非常罕见，
未被命名！

眼镜熊

伊比利亚山蛙

在这片独特的土地之下，埋藏着
价值数亿欧元的铜矿。如果人类真获得这里
的采矿许可，那些只能生活在这里的动植物将会永远消失。

总体而言，采矿会对自然造成严重破坏，会污染水、空气和土
壤。采矿有时也会让水源变得稀缺。在智利的阿塔卡马沙漠，人们
把大量含盐的水抽到地表，水蒸发后，人们从残留的盐中提取出锂。
这个过程可能会导致地下水位下降，淡水变咸。在这种情况下，当
地的居民和动植物都会受到影响。

59

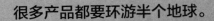

很多产品都要环游半个地球。

食品、玩具、服装和其他商品在运达商店
之前，通常都要经过长途运输。

道路设施切割了生态环境区域，汽车尾气
给人类、动植物造成了负担。

大多数货物通过船舶运输。大型货船排放相
对较少的二氧化碳，但会排放黑烟和二氧化硫，对
环境和物种多样性造成破坏。船舶有时会在无意中携
带外来物种，可能会威胁当地物种。此外，航运会导
致垃圾和石油进入水域和海滩，典型的航线是从
亚洲港口开往欧洲的汉堡和鹿特丹等大港口的航线。

到达港口后，货物会被重新
装载到卡车或火车上继续运输。

有些商品通过飞机可以更快地送达
我们手中，但飞机尾气却大大加剧了气
候变化。

到达

有时，一种物种会取代另一种物种。

　　人类在旅行中会有意或无意间携带其他地区的物种。大多数情况下，这不会产生什么不好的后果，外来物种会融入新的生态系统。

啊，爸爸！

但有一些外来物种会对当地物种造成破坏。

印度凤仙花原产于喜马拉雅山脉，在 19 世纪被带到欧洲当作观赏植物。如今，它大量生长在河流、小溪和铁路线旁，有时会挤占其他植物的生存空间。

我知道，它看起来很漂亮，但实际上并不属于这里。

这可能会出问题！

欧洲的移民将狗、猫作为宠物带到澳大利亚，还带来了野生的兔子和狐狸，以便可以像在家乡一样进行狩猎。这些动物对澳大利亚来说是新物种，几乎有一半中小型澳大利亚有袋类动物遭到它们的猎捕，逐渐灭绝。

不错的礼物！

灰松鼠实际上来自北美洲。它们携带一种自身对其免疫的病毒。但当灰松鼠传入英国后，这种病毒感染了当地的松鼠，导致很多松鼠死亡。

气候变化加剧了物种灭绝。

在地球的演化历史中，冷热气候交替变化，海平面的上升和下降幅度超过 50 米。无法迅速适应这些变化的物种遭受了灭绝。

50 米？
都快有比萨斜塔那么高啦！

目前的气候变化主要是由人类引起的。人们燃烧石油、天然气和煤炭，释放出大量的二氧化碳和甲烷等气体，改变了地球上的气候环境。

我不喜欢这样的天气！

整体而言，整个地球将变得更暖。阿尔卑斯山脉的很多冬季冰雪运动胜地，将面临冬季没有雪的窘境，而像柏林这样的城市会变得更炎热。干旱地区降雨会变得更少，雨水丰富的地区将变得更潮湿。风暴会出现得更猛烈、频繁。

嘿！
雪都去哪儿了？

当环境发生变化时，有些物种能够迁徙，寻找更好的生存条件。与20年前相比，红狐、鸟类、蝴蝶和高山花卉出现在了海拔更高的山区和更靠北的地区。但是，气候变化的速度让许多物种很难以足够快的速度迁移、传播。它们往往找不到适合的生存空间。

对呀！

嗨，你还住这么高吗？

气候变化也改变着海洋。有些动植物的栖息地已经完全消失。北极的海冰正在融化，影响到了北极熊和海豹的生存。珊瑚礁正在死亡。海平面持续上升，海水吞没了沿海的生态系统。

受影响的不仅仅是动物，还有人类。许多地区因气候变化变得不适合居住，数百万人将被迫离开家园。这是非常不公平的，富裕国家的居民造成了气候变化，贫穷国家的居民却受到更大的影响。

人类威胁到了自己。

每种生物无论大小，无论美丑，都具有维持生态系统平衡的重要性。

我虽然长得不好看，
但是我知道，
生态系统离了我就不能运行。

一旦一个物种永远消失，它的功能也会消失。一个物种灭绝了，可能对其余的物种没有影响，但也可能会导致更多的物种灭绝，并最终导致一些生态系统失去功能，它们将不再产生清洁的水和空气，不再吸收对我们有害的气体，不再庇护可能对我们有益的动植物。

病毒会经过动物传染给人类。

砍伐热带雨林时，人类会进入未曾涉足的地带，接触未曾接触过的动物。人们有时寻找野生动物，想捕猎它们，但与野生动物接触可能会产生不良后果，因为许多野生动物可以传播病毒。病毒一旦传染给人类，许多人会因此丧命。

小心你在这儿抓到的东西！

比如，艾滋病病毒最初可能是由猴子传播给人类的。

麻疹最初可能来源于牛。

新冠病毒可能最初是由蝙蝠传染给人类的。

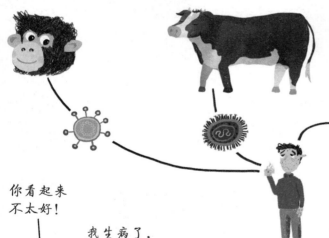

你看起来不太好！

我生病了，因为有了人类。

哈哈，这会过去的。

对于地球来说，人类是否危及自身并不重要，生命将继续繁衍，这已经在过去的大规模灭绝事件中得到了印证。但对于我们和我们的后代而言，保护生物的多样性是必要的。

与自然和谐共处的生活是怎样的？

自然有时候会被美化，被描述为美好的存在，但事实并非如此。自然界中存在着捕食者和被捕食者，以及致命的病毒。许多人可能对湖边露营度假兴奋不已，但最后可能会因接触蚊虫、蜱虫、荨麻等感到不适。

地球上有一些少数民族与自然联系紧密，他们不大规模开发自然资源，与现代世界没有联系，过着艰苦的生活，儿童的死亡率有时很高。这种生活方式即使有人愿意接受，也不适合世界上的所有人，因为人口太多了。

有些人尝试改变生活方式，保持地球环境容量的承载力，尽量保持完好的自然环境，过可持续性的生活。"可持续性"一词起源于林业，意味着砍伐的树木数量不能超过能够再生长的树木数量。现在，这个概念也被运用于其他领域。

这片黄色的田地看起来的确很美，但就是种植品种太单一！

有时候，生产可持续产品是困难的，因为可替代的产品有时会带来新问题。例如，为了生产棕榈油，通常需要砍伐热带雨林来种植棕榈树。但如果用菜籽油替代棕榈油，就需要在其他地方有一个超过原来两倍大的菜籽种植基地。

手机电池中通常含有钴这一原材料。它的主要开采地是刚果，那里的工人待遇很差。如果要节省钴，就需要使用大量镍，而在其他地方采掘镍也会造成破坏。

我的手机用起来还行，所以不需要买最新款。至于榛子巧克力酱，我只在星期日享用一次。

有些公司宣称其产品是可持续使用的，但这种说法并不一定真实，对于顾客来说，要验证这些说法可能很困难。但每个人作为消费者，都可以做的是：考虑哪些商品可以不买，以及哪些东西可以节约使用。

只有所有人都参与，才能保护自然。

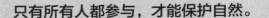

人们做过很多跨国保护动植物的努力。几乎所有国家都签署过《生物多样性公约》。其目标包括保护生物多样性和可持续利用自然资源。评论家们指责这些协议通常表述不清，执行不到位。

保护区是拯救生物多样性的一种尝试。

只有在合适的生态环境中，动植物才有长期生存的机会。为此，需要选择大面积、相对未受到人类干扰的地区。一个大保护区比多个小保护区更有意义，因为它的边缘地带更少。边缘地带会让生物更容易接触到噪声、道路等干扰因素。因此，保护区最好能被一个缓冲区所环绕，比如，人们可以在缓冲区休息和娱乐，但不可以进入实际的保护区。如果多个保护区能彼此相连，效果会更好，比如，将高速公路两旁的野生动物生存区域连通起来。

在人类居住的地方，也可以采取措施来保护生物多样性，例如在花园的设计中考虑鸟类和昆虫的食物供应需求，沿着出城的道路设置绿化带，避免使用农药等。

许多城市会根据当地的情况进行河流的生态修复。人们不再把河水限制在固定的河道中，而是让它重新流动在鹅卵石河滩和湿地上。这对大家都有益处：动物在城市中有更多的活动空间，人能更好地休闲和享受自然，同时，这样的空闲地区也可用于防洪。

之后

通常情况下，一个问题被发现、解决时，解决方案也会带来新问题。

例如，用水力发电站代替火力发电厂，虽然不会产生导致气候变化的废气，但会使动植物物种受到威胁。用其他植物油代替产品中的棕榈油，种植其他植物同样也需要占用土地。

噢，太棒了！终于不含棕榈油了。

有机商品

每年约十万吨鳕被千里迢迢地运送到国。它们主要来自秘、智利和西班牙。

有时候，人们根本不知道自己购买的食物等产品的生产、运输会造成什么后果，因为对我们来说，有些问题是看不见的。我们看不出产品背后的影响，也就无法知晓其生产和运输过程中导致的环境问题。

有些人了解某些商品造成的问题，但选择忽视，因为觉得某些做法更方便，或某些做法根本于事无补。

只有我不买，其他人还在买，又有什么意义呢？

如果我买得起，我就愿意长期购买它！

生产可持续产品可能成本更高，例如给动物提供更大（因此更昂贵）的舍棚。这会影响到产品的价格，而许多人只买得起廉价商品。

破坏环境的犯罪行为给地球造成了重负。

利用自然资源可以赚取大量钱财，但这样的行为通常是被禁止的。

稀有动物被当作宠物进行非法交易，哺乳动物和爬行动物的皮毛被制成家居饰品、鞋子、手提包等出售。

象牙和犀牛角被视为战利品，备受追捧。尽管在亚洲国家被明令禁止，但它们仍被作为药材进行销售。

非法捕捞——捕捞量超过被允许的数量；或者在禁捕区或禁渔期捕捞——使本来就在减少的鱼类资源更是雪上加霜。

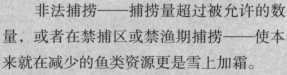

尤其是在雨林地区，贪婪的人非法伐木量远远超过被允许采伐的数量。

矿业中使用的水银危害河流和海洋中的生物，影响饮用水供应。

非法倾倒的垃圾污染土壤，有毒物质渗入土里，生长出来的农作物最终成为有毒的食物，摆在人们的餐桌上。

没有许可证就擅自取水，可能会导致地下水位下降，威胁到动植物的生存。

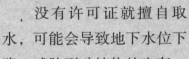

消费者通常无法辨别自己是否在无意中支持了犯罪分子的非法行为。

国际刑警组织和联合国环境规划署的专家估计，环境犯罪每年会造成约 2200 亿美元的损失。

动物园的存在，是好还是坏呢？

许多人意识到，动物被困在狭
小的围栏、玻璃墙或栅栏里，
这种生活方式并不合适。

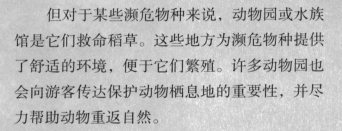

我感觉有点儿热。

但对于某些濒危物种来说，动物园或水族
馆是它们救命稻草。这些地方为濒危物种提供
了舒适的环境，便于它们繁殖。许多动物园也
会向游客传达保护动物栖息地的重要性，并尽
力帮助动物重返自然。

在人类的监督下，只有极少数濒危物种才能得到保护，因为面临的问题实在是太多了。

自然保护组织使用一些可爱的动植物形象进行环保宣传，这些物种被称为"旗舰物种"。虽然它们对生态系统可能并非至关重要，但能激发人们的兴趣和同情心。这些物种被保护的同时，也会惠及其他物种的生存和繁衍。

我能为保护生物多样性做些什么吗？

　　所有国家都必须有保护生物多样性的目标规划，包括矿业、渔业、林业和农业等领域。此外，每个人都可以为此做出一些贡献，如尽量购买未被加工的食物，购买本地的水果和蔬菜，尽量少吃肉，买包装上有可持续捕捞标志的鱼类产品。

喂……你们好呀!

　　尽量减少购买含有大量油脂和糖分的食物，因为这些成分的原材料通常来自遭到砍伐的热带雨林地区。

减少食物浪费。

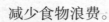

你好!

尽量步行或骑自行车。

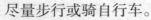

你好!

度假时，乘坐火车比乘坐飞机对环境更友好。如果你确实需要乘坐飞机，也可以考虑为植树造林捐款。

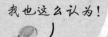

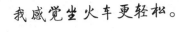
我感觉坐火车更轻松。

我也这么认为！

旅游时，对待异国他乡的纪念品和小礼物也要留心——如果它们是用象牙或珊瑚制成的，最好不要购买。

我们其实不需要那么多东西。有些东西可以二手购入，有些东西可以修复后再次使用。

尽量使用再生纸的笔记本和打印纸。

可以向他人讲述你对环境的责任心，并解释你将采取的行动。

还有其他哪些可以做的?

如果你有花园, 那么可以为保护物种多样性做很多事情。尝试创造出不同的栖息地: 与灌木丛比, 小池塘能为一些动植物提供更好的生态环境, 而灌木丛的生态条件又胜过树木。大面积修剪草坪不利于物种生存。人工培育的玫瑰或大丽花等, 花朵虽然硕大, 但昆虫不易接近。因此, 可以在花坛里种植一些不开花的植物。动物喜欢迷迭香、百里香、香草等, 可以打理出一个香草花坛。

使用堆肥或边角料作为肥料, 避免使用化肥和农药。

小型阳台和道路旁的绿化带对物种是友好的。虽然紫罗兰和天竺葵很受欢迎，但种植本土植物可能更有益于昆虫。在阳光充足的地方，草地鼠尾草、野生锦葵、野生矢车菊等植物都可以开花。

　　在阴暗的地方，可以种植野韭菜、耧斗菜等美丽且生命力顽强的植物。

　　使用不含泥炭的土壤能保护沼泽地。在土壤中加入一些沙子和砾石，野生植物也会喜欢。

人与其他物种有何不同？

一方面，根据进化论的观点，人类像其他物种一样，通过进化而来；另一方面，我们具备其他动物没有的一些能力。

动物之间通过声音和肢体语言进行沟通，但不能讲述复杂的故事。它们可以计划行动、使用工具，但远远达不到人类的水平。

人类发明了文字，通过阅读和写作，人们可以在学校和企业等地方向社会的年轻成员传授知识。因此，每一代人都可以站在前人的肩膀上，而不需要每隔几年就重新研究如何使用火和发明轮子。

通过知识、技能和技术，我们有能力摧毁其他物种，也有能力保护它们。许多人认为，能力越大责任越大。我们对其他生物的存在负有责任。但也有越来越多的人认识到，即使是出于自身利益考虑，我们也应该保护物种多样性。

分享有关物种多样性及其保护措施的知识非常重要。只有了解情况，才能根据情况采取行动。

努力是值得的。

历史表明，人类的行为不断引发问题，但人类也有能力解决问题。

1798 年，英国经济学家托马斯·马尔萨斯指出，饥荒可能很快就会发生，因为人口增长的速度远远超过了粮食的供应速度。然而，饥荒并没有达到预期的严重程度。马尔萨斯没有考虑到人类的创造力，它能使新的种植方法成为可能。

20 世纪 80 年代，南极洲上空的臭氧层变得稀薄甚至出现空洞，是由大量氟利昂气体造成的。这种气体被用作制冷剂或溶剂，再用于喷雾罐和冰箱的制造。由于臭氧层出现空洞，危险的太阳紫外线照射到地球表面，可能会导致人类患上癌症。因此，全球范围内颁布了法律，禁止在工业中使用氟利昂。目前，臭氧空洞并未完全消失，但正在逐渐缩小。

早些时候，在中欧国家出现过有关森林死亡的报道。评论家说，是否真发生过森林死亡尚不清楚，因为树木残骸的照片实际上只来自少数几个地点。人们最终无法明确森林死亡的原因。尽管如此，人们也因为这些报道制定了环境法规，改善了空气质量，让人受益匪浅。

今天，我们仍然面临着严重的环境问题：土地被过度开发、能源需求高、人为造成的气候变化等，都在破坏生物多样性。我们每个人都可以做出一些努力，但如果没有全球范围内的自然保护协议和法律，这种努力还远远不够。

好的一面是，现在受过良好教育的人数之多前所未有。人们受到的教育水平越高，解决问题的能力也会随之加强。

著作权合同登记号 01–2024–0952

Original Title: Die Vielfalt der Natur
Warum wir Biodiversität brauchen und wie wir sie erhalten können
Translation by Song Jialu
Copyright © 2022 Beltz & Gelberg
in the publishing group Beltz – Weinheim Basel

图书在版编目（CIP）数据

生物之繁 : 生物多样性为何重要？我们如何保护它
？/（德）克里斯蒂娜·斯坦林著 ;（德）加雷斯·瑞恩
绘 ; 宋佳露译 . -- 北京：朝华出版社，2024.4
（大自然的诗篇）
ISBN 978-7-5054-5462-0

Ⅰ . ①生… Ⅱ . ①克… ②加… ③宋… Ⅲ . ①生物多
样性—青少年读物 Ⅳ . ① Q16-49

中国国家版本馆 CIP 数据核字（2024）第 065126 号

审图号：GS 京（2024）0562 号
本书插图系原文原图

生物之繁——生物多样性为何重要？我们如何保护它？

作　　者	［德］克里斯蒂娜·斯坦林
绘　　者	［德］加雷斯·瑞恩
译　　者	宋佳露

选题策划	王晓丹
责任编辑	闫春敏　王晓丹
特约编辑	徐建松　乔　熙
责任印制	陆竞赢　崔　航
封面设计	雷双华
排版制作	步步赢图文

出版发行	朝华出版社
社　　址	北京市西城区百万庄大街 24 号　　邮政编码　100037
订购电话	（010）68996522
传　　真	（010）88415258（发行部）
联系版权	zhbq@cicg.org.cn
网　　址	http://zhcb.cicg.org.cn
印　　刷	北京侨友印刷有限公司
经　　销	全国新华书店
开　　本	710mm×960mm　1/16　　字　数　79 千字
印　　张	5.5
版　　次	2024 年 4 月第 1 版　2024 年 4 月第 1 次印刷
装　　别	平
书　　号	ISBN 978-7-5054-5462-0
定　　价	42.00 元